新雅小百科

昆蟲

新雅文化事業有限公司
www.sunya.com.hk

使用說明

《新雅小百科系列》

本系列精選孩子生活中常見事物，例如：動物、地球、交通工具、社區設施、蔬菜水果、昆蟲等等，以圖鑑方式呈現，滿足孩子的好奇心。每冊收錄約50個不同類別的主題，以簡潔的文字解說，配以活潑生動的照片，把地球上千奇百趣的事物活現眼前！藉此啟發孩子增加認知、幫助他們理解世上各種事物的運作，培養學習各種知識的興趣。快來跟孩子一起翻開本小百科系列，帶領孩子走進知識的大門吧！

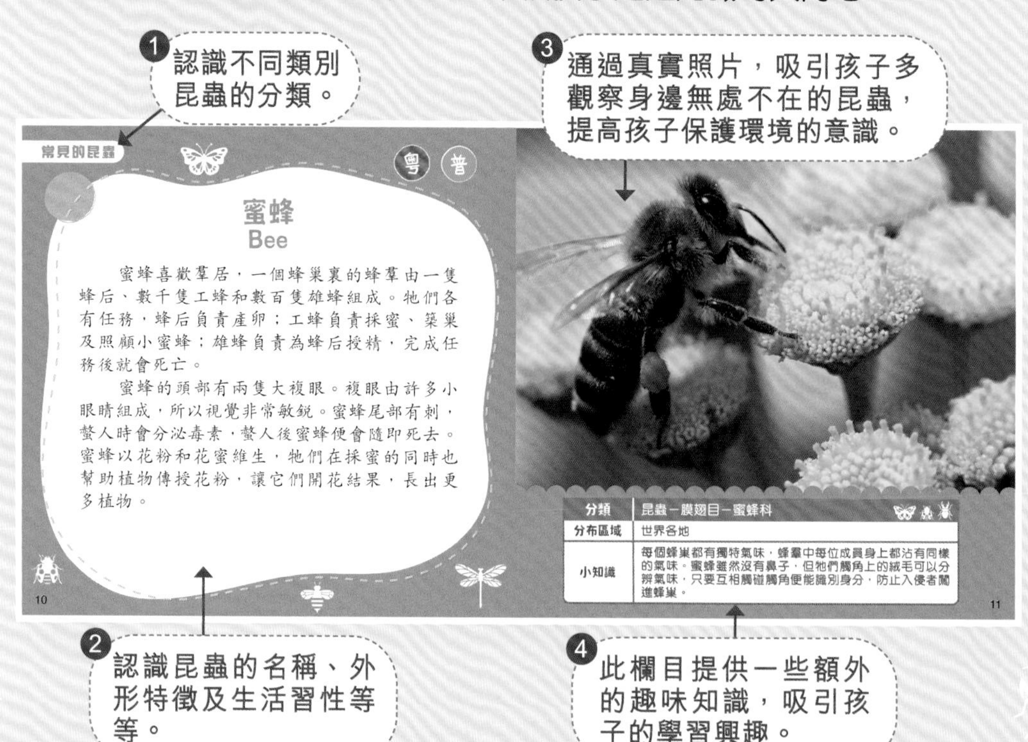

使用新雅點讀筆，讓學習變得更有趣！

本系列屬「新雅點讀樂園」產品之一，備有點讀功能，孩子如使用新雅點讀筆，也可以自己隨時隨地聆聽粵語和普通話的發音，提升認知能力！

語言圖示

粵 普

粵語 普通話

啟動點讀筆後，請點選封面 

，然後點選書本上的文字或照片，點讀筆便會播放相應的內容。如想切換播放的語言，請點選 粵 普 圖示。當再次點選內頁時，點讀筆便會使用所選的語言播放點選的內容。

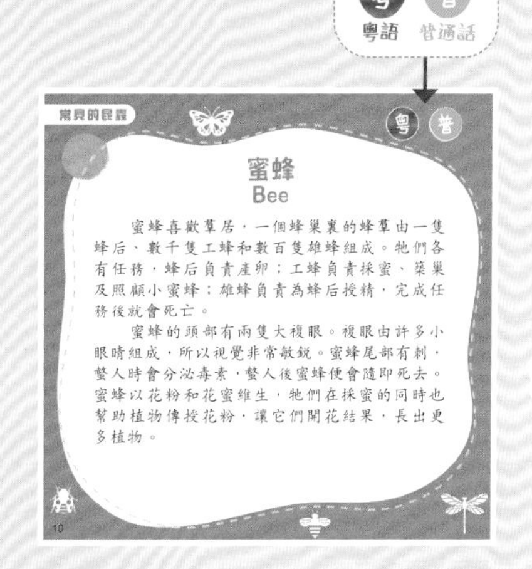

常見的昆蟲

粵 普

蜜蜂

Bee

蜜蜂喜歡羣居，一個蜂巢裏的蜂羣由一隻蜂后、數千隻工蜂和數百隻雄蜂組成。牠們各有任務，蜂后負責產卵；工蜂負責採蜜、築巢及照顧小蜜蜂；雄蜂負責為蜂后授精，完成任務後就會死亡。

蜜蜂的頭部有兩隻大複眼。複眼由許多小眼睛組成，所以視覺非常敏銳。蜜蜂尾部有刺，螫人時會分泌毒素，螫人後蜜蜂便會隨即死去。蜜蜂以花粉和花蜜維生，牠們在採蜜的同時也幫助植物傳授花粉，讓它們開花結果，長出更多植物。

10

如何下載本系列的點讀筆檔案

1. 瀏覽新雅網頁(www.sunya.com.hk) 或掃描右邊的QR code 進入 新雅・點讀樂園 。

2. 點選 下載點讀筆檔案 ▶ 。
3. 依照下載區的步驟說明，點選及下載《新雅小百科系列》的點讀筆檔案至電腦，並複製至新雅點讀筆裏的「BOOKS」資料夾內。

目錄

常見的昆蟲

害蟲

不是昆蟲

常見的昆蟲 Insects

世界上的昆蟲超過 100 萬種，無論水底、地底、陸上或空中，甚至家居都不乏牠們的蹤影。所有昆蟲都有六隻腳，身體由頭、胸、腹三部分組成。昆蟲可分為完全變態和不完全變態兩大類。完全變態昆蟲需經過卵、幼蟲、蛹和成蟲四個階段，例如蝴蝶、蜜蜂、螞蟻等；不完全變態昆蟲則只有卵、若蟲和成蟲三個階段，例如蟬和蚱蜢等。

昆蟲的體形小巧，常常成為其他動物獵食的對象，因而進化出層出不窮的逃生絕技，並擁有強勁的繁衍能力，因此歷經幾千萬年仍是地球上數量最多的生物之一。

蝴蝶
Butterfly

蝴蝶屬完全變態昆蟲。牠們由卵孵化成毛蟲，毛蟲吃下大量樹葉後，越長越大，然後結成堅硬的蛹。在蛹的保護下，毛蟲長成蝴蝶，等到蛹裂開了蝴蝶才伸展着翅膀飛出來。

蝴蝶的身形苗條，六隻腳又細又長，棍棒狀的觸角具靈敏嗅覺功能，也是飛行平衡器。牠們主要在日間活動，進食時長口器伸直，翅膀一開一合的，休息時捲起口器、合上翅膀。翅膀上的彩色鱗片形成各式絢爛斑紋，既美麗又方便隱藏於花叢中躲避敵人。

分類	昆蟲－鱗翅目－鳳蝶科 
分布區域	世界各地，除南極洲
小知識	有些蝴蝶會像候鳥般隨季節遷徙，例如帝王斑蝶每年秋天會成羣從加拿大飛到溫暖的墨西哥過冬，繁衍後代。而香港因為氣候溫暖，所以每逢 10 至 11 月都有很多斑蝶從北方飛來過冬。

蜜蜂
Bee

蜜蜂喜歡羣居，一個蜂巢裏的蜂羣由一隻蜂后、數千隻工蜂和數百隻雄蜂組成。牠們各有任務，蜂后負責產卵；工蜂負責採蜜、築巢及照顧小蜜蜂；雄蜂負責為蜂后授精，完成任務後就會死亡。

蜜蜂的頭部有兩隻大複眼。複眼由許多小眼睛組成，所以視覺非常敏銳。蜜蜂尾部有刺，螫人時會分泌毒素，螫人後蜜蜂便會隨即死去。蜜蜂以花粉和花蜜維生，牠們在採蜜的同時也幫助植物傳授花粉，讓它們開花結果，長出更多植物。

分類	昆蟲－膜翅目－蜜蜂科 
分布區域	世界各地
小知識	每個蜂巢都有獨特氣味，蜂羣中每位成員身上都沾有同樣的氣味。蜜蜂雖然沒有鼻子，但牠們觸角上的絨毛可以分辨氣味，只要互相觸碰觸角便能識別身分，防止入侵者闖進蜂巢。

普

黃蜂
Wasp

胡蜂種類繁多，有一種體形較大的羣居性胡蜂，因身上有黃黑相間的斑紋而被稱為黃蜂。

蜜蜂是以工蜂本身所分泌的蜂蠟來築巢，而黃蜂則是咀嚼木材混合唾液製成蜂巢，看起來質地像紙皮，構造十分簡陋。雌黃蜂長有可反覆使用的有毒螫針，用作防範敵人及捕殺蟲子。若人類被螫中了，皮膚會紅熱腫痛，嚴重的話更會導致死亡呢！不過只要不騷擾牠，牠是不會主動攻擊人類的。

分類	昆蟲－膜翅目－胡蜂科
分布區域	温帶及熱帶地區
小知識	黃蜂雖不懂釀蜜，但卻像蜜蜂般喜歡在花間飛舞。黃蜂是肉食性昆蟲，主要攝食小毛蟲、小昆蟲等，但也喜歡吃花蜜、果子的液體等甜食。牠們有時也會吃害蟲，為人類做好事。

蜻蜓
Dragonfly

蜻蜓屬不完全變態昆蟲，一般在水邊生活，有些種類會以尾部點擊水面產卵。蜻蜓長有兩對大小不一的透明薄翼，上面布滿清晰的網狀翅脈，飛行時四片翅膀可以分別振動，這樣就能自如地改變飛行速度及方向。

牠頭頂的一雙大眼睛，是由數以萬計的小眼睛組成的複眼，視覺非常敏銳，加上頭部可以靈活轉動，所以能夠輕易瞄準獵物，並以快速飛行用腳逮獲獵物，因而有「蟲國之鷹」的稱號。

分類	昆蟲－蜻蛉目－蜓科
分布區域	世界各地
小知識	蜻蜓的每隻翅膀上方都有一塊較深色的加厚角質層，叫做翼眼，可助消除嚴重的空氣震顫。科學家便仿效這種結構，在機翼上設置加重裝置，以解除在高速飛行時因空氣摩擦嚴重震顫而導致折翼的問題。

豆娘
Damselfly

豆娘身形細長、體態優美，儼如一隻小型蜻蜓。不過與蜻蜓相比，雙眼隔得較遠，看起來就像啞鈴一樣。

豆娘長得比蜻蜓柔弱，因此飛行速度也較慢。牠的四隻翅膀大小一致，歇息時會伸長並攏。牠的腹部細瘦，呈圓棒狀。背部柔軟，能輕易彎曲成多個分節，交配時雌雄豆娘的尾部連結成心形狀，姿勢特別。與蜻蜓一樣，豆娘也有自己的領域，常常四周飛行巡邏，提防外敵入侵。

分類	昆蟲－蜻蛉目－蟌科
分布區域	世界各地，除南極洲
小知識	豆娘和蜻蜓的幼蟲都叫「水蠆」。牠們在水中生活，捕食水生昆蟲、小魚或蝌蚪等。水蠆的下唇呈鏟形，前端有彎鈎，平時摺疊着收在頭部前面，當發現獵物時就突然向前伸出緊捕獵物，動作迅速。

蜉蝣
Mayfly

蜉蝣長得有點像迷你蜻蜓，身形細窄。頭部可靈活轉動，頭上長有大複眼及剛毛狀的短觸角，腹部末端有兩條比身體還要長的絲狀尾毛。

春夏季節，蜉蝣成羣在水面紛飛進行交配，然後產卵到水中，接着死亡，整個過程只有短短 1 至 3 天。原來蜉蝣一旦變為成蟲，口器便會退化，喪失進食能力，只能依靠之前貯存在體內的能量維生，因此存活時間短暫。

分類	昆蟲－蜉蝣目－蜉蝣科
分布區域	熱帶至溫帶的廣大地區
小知識	蜉蝣並不短壽，牠的一生經歷了卵、稚蟲、亞成蟲及成蟲四個階段。牠的稚蟲期很長，可達一至三年，經過二十餘次的蛻皮變為成蟲，才飛出水面。所有昆蟲中，唯獨蜉蝣有亞成蟲的階段，非常特別。

水黽
Pond Skater

水黽在水中生活，是水棲昆蟲。牠身形修長，也叫「水鉸剪」。水黽共有三對腳：短短的前腳用來捕捉小昆蟲；細長的中腳和後腳，可以分散重量，而且發達有力，令牠可以在水面跳躍、滑行、平穩站立。

水黽腳上的細毛能感應水波振動，因此一有獵物在水面出現，牠便會快速滑行前去捕獵。水黽習慣羣棲，喜歡在水面進行羣體活動，玩玩追逐遊戲，或是不停繞圈，令水面泛起漣漪。

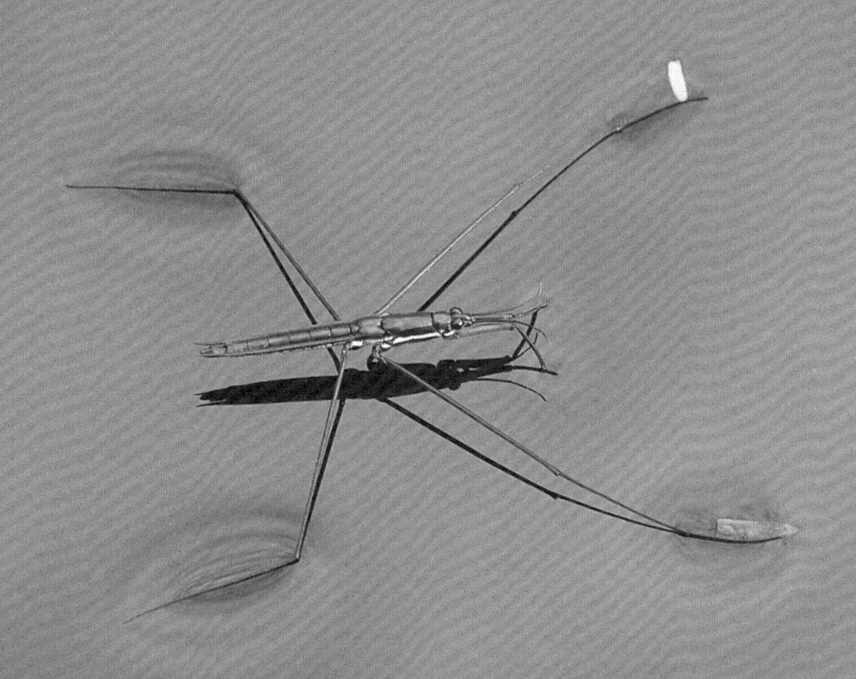

分類	昆蟲－半翅目－黽蝽科
分布區域	低海拔山區之靜水流域
小知識	水黽是滑水高手，牠的腿構造特殊，腳底密密麻麻地長着數千根油質細毛，形成了一層薄膜般的結構，既有防水作用，又可充當氣墊有助浮在水面滑行，讓水黽享有身處急流也不會沉沒的特技。

蛾
Moth

蛾也叫飛蛾。牠和蝴蝶均由毛蟲變化而來，都用長管狀嘴巴吸食花蜜維生。牠的觸角雖比蝴蝶的短，但同樣具有嗅覺功能，尤其雄蛾因觸角分支較雌蛾多，嗅覺更為敏鋭，遠在 11 公里以外的雌蛾牠都能憑味道偵測到。

蛾白天休息，晚間活動，飛行時依靠月光或星光等自然光來辨別方向，但途中往往會被燈光或火光誤導，以致迷失方向而圍着燈火繞飛。古時候飛蛾更會撲向火源引致死亡，因而出現「飛蛾撲火——自取滅亡」的説法。

分類	昆蟲－鱗翅目－鳳蝶科
分布區域	世界各地，除南極洲
小知識	毛蟲不會飛，為了自保牠會使出各種本領，例如長出能夠融入環境的體色；利用古怪姿勢去嚇跑敵人；長出毒毛、毒刺等。因此，千萬不要徒手觸碰毛蟲，否則可能會引致皮膚刺痛過敏。

粵 普

蠶蛾
Silk Moth

蠶蛾又叫做家蠶，經過人們長時間馴養，已不懂得飛行，身體也因色素流失而變成白色。

蠶蛾將卵產在桑葉上，幼蟲一孵化便不停地吃桑葉，讓自己漸漸長大，蛻皮幾次後終於變為蠶蟲了。可是蠶蟲不再吃桑葉，並從嘴巴裏吐出細絲。原來牠在製作絲繭，然後躲進去化成蛹，安全地等待羽化成蛾。除了製造絲綢，蛋白質豐富的蠶蛹還可以食用或藥用，經加工後更可用作染髮劑的原材料。

分類	昆蟲－鱗翅目－蠶蛾科 
分布區域	溫帶、亞熱帶和熱帶地區
小知識	蠶蟲體內有特殊的絲腺體結構，自幼蟲期開始已能分泌絲物質。當蠶蟲進行吐絲時，會擺動頭部來帶動絲腺體運動，反覆擠壓絲腺體裏面的絲液。絲液一旦遇到空氣，便會形成長長的細絲線。

普

蟬
Cicada

蟬是不完全變態的昆蟲。牠頭短身體長，有兩隻複眼和三隻單眼，視覺十分敏銳。牠有兩對翅膀，薄而透明。牠的口器就像細長吸管，將它插進樹幹以吸食樹汁。

嘹亮的蟬鳴是雄蟬用來吸引雌蟬前來交配的訊號，而雌蟬則不會鳴叫。產卵前，牠會先將屁股尖端那根長針似的細管插進樹枝裏鑽洞，才在洞裏產卵。蟬卵孵化後就躲進地底，靠吸食樹根汁度過大約三年的若蟲期。而成蟲在夏天完成繁殖後，生命也將隨之結束。

分類	昆蟲－半翅目－蟬科 
分布區域	全球溫帶至熱帶地區
小知識	雄蟬的腹部下側與胸部連接處，有個像鼓一樣的構造叫做鼓膜器，而空空的肚子則可以充當共鳴室，當鼓膜振動時發出的聲音傳到共鳴室，產生共鳴後，就會響起「嘰」、「嘰」的聲音。

粵 普

沫蟬
Froghopper

沫蟬，因為懂得製造泡沫而得名。這些泡沫是沫蟬若蟲的保護罩，幫助若蟲躲過小鳥的捕食，也能避免陽光直射。

夏末秋初間，雌沫蟬在植物枝莖上產卵，春天來臨時孵化出若蟲。若蟲躲在白色的泡沫裏，樣子就像沒翅膀的蟬，牠將細針狀口器插進枝莖裏吸取汁液，多餘的汁液便用來製作泡沫，然後從屁股放出去。夏天一到，沫蟬成蟲從泡沫中爬出來。牠和若蟲一樣依靠細針狀口器，吸取樹枝和草莖汁液維生。

分類	昆蟲－半翅目－沫蟬科
分布區域	低中海拔山區
小知識	沫蟬身懷兩大絕技：一是當牠吸食具腐蝕毒性的大戟屬植物汁液時，懂得選取沒有毒性的部分來吸；二是沫蟬若蟲腹部有凹位，牠利用腹部上下振動將空氣和汁液混合，一堆堆的泡沫就會從這個凹位產生。

瓢蟲
Ladybird

瓢蟲是甲蟲類，屬完全變態昆蟲。牠的身體呈半球狀，背部色彩鮮明的硬殼其實是一對翅膀，稱為鞘翅，保護着下面兩隻脆弱的翅膀。牠的體長一般不超過 1 厘米，壽命不超過 3 個月。

瓢蟲沒有偽裝技能，只能利用鮮豔色彩和斑紋嚇走捕食者。受到威脅時牠會裝死，還會分泌惡臭液體來對付敵人。肉食性瓢蟲會吃為害植物的蚜蟲；但草食性瓢蟲則會破壞農作物，所以瓢蟲既是益蟲也是害蟲。

分類	昆蟲－鞘翅目－瓢蟲科
分布區域	平地至低海拔山區
小知識	瓢蟲除了紅色外，還有黑、藍、橙、黃、褐等各種顏色，而牠身上的斑點也會隨品種不同而有所變化。人們會按牠的體色或斑點多少來為牠命名，例如七星瓢蟲、十三星瓢蟲、赤星瓢蟲等。

粵 普

放屁蟲
Bombardier Beetle

放屁蟲體長不足2厘米，但攻擊力很強。當牠受到威脅時，會由尾部釋放出高溫的有毒臭屁，以防衛螞蟻等入侵者。即使牠不幸被敵人吞食，也可以在敵人體內釋放毒屁逼得對方將牠吐出來。放屁時會發出「噗」一聲，所以又叫做「炮彈甲蟲」。如果我們不小心被牠的屁噴到，皮膚會有強烈灼痛感。

世界上共有超過500種放屁蟲，不同種類的放屁蟲愛聚在一起生活，並會共同放屁禦敵，增強威力。

分類	昆蟲－鞘翅目－步甲科
分布區域	平地至中海拔山區
小知識	放屁蟲腹內有專門的器官可製造毒性苯醌，自衛時以高溫煙霧形式從尾部噴出。牠的尾部有個開關閥門，毒霧一噴出就極速關上閥門，以免內臟受傷。放屁蟲在狀態良好時，最多可以噴射 20 次毒霧。

粵 普

寶石金龜
Jewel Scarab Beetle

寶石金龜全身金光閃閃。牠的身長約為25至29毫米，具有強壯的腳爪，前翅已退化為盔甲般堅硬的鞘翅，保護着脆弱的後翅和身體。

寶石金龜屬夜行性，會被光線吸引，一般棲息在潮濕的森林和咖啡種植園。牠們在樹冠層中生活，以樹葉維生，也在樹冠中找尋配偶。雌甲蟲要產卵時會從樹冠飛下來，把卵產在腐爛的樹幹中，幼蟲孵化後便吃腐爛木材。從卵到成蟲需時長達1年，但成蟲的壽命卻只有短短3個月。

分類	昆蟲－鞘翅目－金龜子科
分布區域	哥斯達黎加、巴拿馬等中美洲熱帶地區
小知識	寶石金龜的體內並沒有金色或黃色色素，令牠全身散發黃金般光芒的，其實是來自陽光在前翅上的反射，並形成平滑鏡面，將周遭的青葱翠綠反映在身上，形成了有效的偽裝效果，以躲過森林中的捕食者。

糞金龜
Dung Beetle

　　糞金龜的口味與眾不同，牠竟然喜歡吃動物糞便！糞金龜先挖好地洞巢穴，一旦發現動物糞便，牠就會迅速地爬過去，用頭和前腳將糞便搓成球狀，再倒立着以後腳將糞球滾回巢穴享用。雌蟲會在糞球上產卵。

　　糞金龜也有不少美譽，例如：古埃及人一直視牠為太陽神的化身，並尊稱牠是「聖甲蟲」；牠幫忙清理糞便，扮演着「大自然清道夫」的角色。

分類	昆蟲－鞘翅目－金龜子科
分布區域	南極洲以外，低、中海拔山區
小知識	當完成一個糞球，在滾走糞球前，糞金龜會爬到糞球上「跳舞」。完成一系列舞步後，牠才爬回地面把球滾走。原來糞金龜這麼做是為了眺望四周環境和調整方向，以便推着糞球向目的地繼續前進。

叩頭蟲
Click Beetle

叩頭蟲體形狹長扁平，約3至4厘米長，呈黑褐色的身軀，像塗了油一樣光滑油亮。牠的頭部尖尖的，上有鋸齒狀的觸角。牠的翅膀很硬，就像殼一樣，想飛也飛不高。因此一遇到危險叩頭蟲便要使出「叩頭」和「跳高」的連環絕技。

叩頭蟲的胸部下方有個機關，受到威脅時牠就會收縮胸肌，觸動機關做出叩頭動作，發出「叩」一聲，並將身體彈至半空，以避開危險。叩頭蟲也用叩頭聲來傳達信息，吸引異性。

分類	昆蟲－鞘翅目－叩頭蟲科
分布區域	熱帶地區
小知識	叩頭蟲也叫「跳跳蟲」，據說牠可跳高至超過自己身高的五十多倍。當被翻轉時，牠會腹部朝天地彈起，在半空中來個前滾翻，但並非每次都能成功翻身，有時需要兩次或以上，才能腹部朝下落地。

粵 普

獨角仙
Japanese Rhinoceros Beetle

獨角仙屬夜行性昆蟲，牠以毛狀刷子般的口器吸食樹液維生。獨角仙是較大型的甲蟲，也是昆蟲界中的大力士，可拉動比自己重二十倍的東西。

獨角仙全身堅硬，長有三對強而有力的長腿，每隻腳上都長有一對利爪，攀爬起來非常方便。雌雄獨角仙的長相大不相同：雄性除了頭部有一隻向上翹的巨型長角外，前胸背板上還有一隻向下彎的小角，樣子神氣。而雌獨角仙沒有長角，外貌一點也不威風。

分類	昆蟲－鞘翅目－金龜子科
分布區域	東亞、東南亞地區
小知識	雄獨角仙打架往往是為了爭奪食物、地盤或異性。牠利用長角將對手掀起，然後狠狠地甩走對方，而敗方則會立即逃走。

鍬形蟲
Stag Beetle

鍬形蟲白天時休息，夜幕降臨後才開始活動，吸食樹汁和攝食腐爛水果。鍬形蟲的嘴邊有許多絨毛，大大增加了吸收樹汁的效率。

鍬形蟲頭上有一對狀如鹿角的巨顎，內側長着一些尖刺小突齒。雄鍬形蟲用「鹿角」作為武器，來和別的雄鍬形蟲決鬥，一下夾住對手的身體狠狠地甩出去。雌鍬形蟲的「鹿角」較小，但更加鋒利，用來在木頭上挖產卵室，讓幼蟲在裏面安全孵化，而且一孵化就有食物可吃。

分類	昆蟲－鞘翅目－鍬形蟲科
分布區域	熱帶地區
小知識	世界上最美的鍬形蟲——彩虹鍬形蟲的前翅具有多重薄膜，在光線的反射及折射下散發出金光燦爛的多變色彩。牠這身彩虹盔甲除了方便隱身叢林，還能嚇退鳥類等天敵及避免體溫上升。

粵 普

天牛
Longhorn Beetle

天牛強壯如牛，又善於飛翔。牠的觸角比身體還要長，而鼻子就長在觸角上。牠的顎部非常發達，可以啃食果實，又可以吸食植物汁液。

雄天牛打架時會先用觸角互頂，以顎部咬扯對方的觸角，輸了就馬上撤退。勝者不但可成為霸主，還可得到與雌蟲交配的機會。不過，天牛不會與天敵正面衝突，遇險時牠會立刻逃跑，也會不斷擺動前胸，摩擦位於中胸背板的發音器，以發出聲響嚇走敵人。

分類	昆蟲－鞘翅目－天牛科
分布區域	熱帶地區
小知識	雌性天牛憑藉敏銳的嗅覺和觸覺在樹幹探測，找出合適的產卵位置，牠會先用顎部在樹幹上咬出「一」字形痕跡，然後將腹末的產卵管插進樹皮產卵，讓幼蟲孵化後便可吸食樹液。

螢火蟲
Firefly

螢火蟲是一種屁股會發光的昆蟲。牠的體內有螢光素，有些在夜晚會發出黃綠色的光。牠的大部分螢光素都用於發光，而轉化為熱能的只有大約 2% 至 10%，因此發出的都是冷光。

在夏夜裏，雌雄蟲用閃光互傳訊息，同伴間也通過閃光來溝通。牠們成羣活動，以集體的光芒去嚇退敵人。螢火蟲是肉食性昆蟲，頭頂長着一對非常尖利的顎。牠們喜歡吃軟體動物，甚至能吃掉比自己身體大很多倍的蝸牛。

分類	昆蟲－鞘翅目－螢科
分布區域	熱帶、亞熱帶和溫帶地區
小知識	螢火蟲是一種完全變態的昆蟲。其實並非所有的螢火蟲都是在夜裏才出現的（夜行性），有的螢火蟲只在白天才出現（晝行性）；還有的則是白天、晚上都會出現的（晝夜行性）。

普

寶石象鼻蟲
Jewel Weevil

象鼻蟲是背部最硬的甲蟲，牠個子雖小，卻有一個長長的「象鼻」，象鼻前端是牠的嘴巴，嘴巴的前方是牠的觸角。全球約有6萬種象鼻蟲，當中有一種長得非常華美，全身散發着藍色、綠色或紅色等金屬光澤，就像一顆璀璨的寶石，因而叫做寶石象鼻蟲。

寶石象鼻蟲喜歡寄生在負鼠葡萄藤。牠們將卵產在植物莖部，幼蟲在裏面孵化、成長，並以植物的莖部和葉柄為食。

分類	昆蟲－鞘翅目－象鼻蟲科
分布區域	中美洲
小知識	象鼻蟲種類繁多，不同種類的樣子各異，「鼻子」也長短不一，要數「鼻子」最長的則非鷸象鼻蟲莫屬。牠的「鼻子」長得很像鳥類鷸的嘴，看起來就像一根尖尖的錐子。

螞蟻
Ant

螞蟻是羣居性昆蟲，牠們階級分明地分為蟻后、雄蟻和工蟻。體形最大的蟻后主要負責產卵，雄蟻負責和蟻后交配，工蟻負責築巢、找食物、照顧幼蟻等其餘所有工作。

螞蟻的觸角具有靈敏的嗅覺和感覺，能辨別食物的氣味。牠們透過互碰觸角作交流及確認身分，若發現不同族類，更會大打出手。春夏間，蟻后和雄蟻飛上天空交配。交配後的雄蟻便會死去，而蟻后則會找個地方把翅膀磨掉，接着產卵，然後建立新族羣。

分類	昆蟲－膜翅目－蟻科
分布區域	世界各地
小知識	螞蟻在移動時腹部會分泌一種叫費洛蒙的化學物質，在沿途留下獨有氣味，讓後面的蟻羣循着氣味列隊隨行，回程時也可以沿着氣味往回走，大家就不會迷路，可順利將食物搬回家，留待冬天備用。

粵 普

切葉蟻
Leafcutter Ant

切葉蟻因為懂得切割葉子而得名。牠以一隻腳作為支點，像開罐頭般以鋒利的嘴巴一下一下地咬下去，切下圓弧形的葉片。接着負責搬運的同伴將這些比自己大許多倍的葉片高舉在頭頂，浩浩蕩蕩地將葉片運回窩裏。

切葉蟻將葉片搬回窩不是要吃，而是像農夫培殖蘑菇一樣，用來培殖真菌作為食物。切葉蟻雖然不需為爭奪食物而打鬥，但總會遇到捕食者攻擊，這時牠就會以大顎進行反擊。牠的大顎相當鋒利，甚至可以切破人的皮膚。

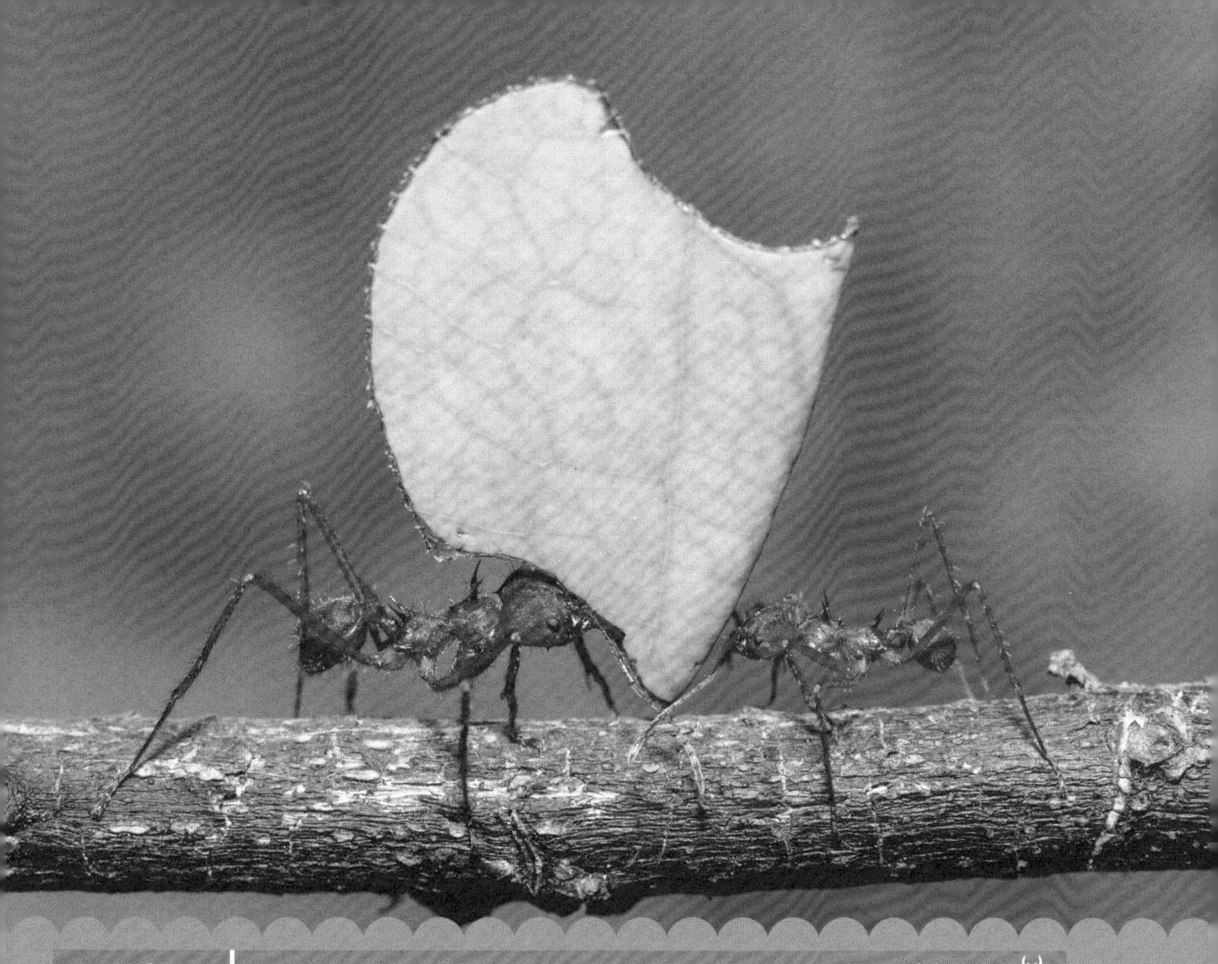

分類	昆蟲－膜翅目－蟻科
分布區域	中美洲和北美洲等熱帶和亞熱帶地區
小知識	切葉蟻根據體形大小分配工作：迷你工蟻負責照顧巢內的卵和幼蟲及培殖真菌；小工蟻負責採集葉片和運輸途中的防禦工作；中型工蟻負責切割葉片及運送葉片；最大型的工蟻則擔任巢穴防衛兵的職位。

竹節蟲
Stick Insect

竹節蟲體形修長，當牠將六隻腳靠緊身體時，樣子就像一節細長的竹子，因而得名。竹節蟲是世界上最長的昆蟲，有些品種的體長甚至跟成人的手臂差不多長。

竹節蟲一般是綠色或黃褐色，習慣在晚間活動，喜歡吃植物的葉子。牠身懷「擬態」絕技，當不幸遇上天敵時，身體立即變出保護色，擺出與植物枝葉融為一體的姿勢。牠的體色還能根據溫度和濕度高低、光線明暗而變深變淺，所以在白天和黑夜體色是不同的。

分類	昆蟲－直翅目－竹節蟲科
分布區域	熱帶、亞熱帶地區
小知識	除了擬態絕技，竹節蟲還會「裝死」，從植物上掉下躺在地上蒙騙天敵。其實，竹節蟲在若蟲時期已很擅長逃脫，牠有斷肢重生的本領，常為逃避敵人而讓腳或觸角自然斷落，但沒多久又會長出新的來；成蟲後，便不可再生斷肢。

粵 普

葉子蟲
Leaf Insect

葉子蟲是竹節蟲的一種，牠是夜行性昆蟲，以能逼真模擬樹葉而着稱。牠通常棲息在樹上，身體大多呈綠色或褐色。綠色的像新鮮樹葉，而褐色的則像枯葉，有些甚至在身體邊緣偽造出被蟲蟲咬過的痕跡。

葉子蟲的頭部、身體和附肢橫向延展，而且大多具有葉子狀的邊緣。牠的身體很闊，又扁又平，甚至有葉子的脈絡紋理，整體與樹葉極為相似。牠只要一動不動，便能輕易隱身樹林中，躲過天敵的捕食。

分類	昆蟲－直翅目－葉竹節蟲科
分布區域	中國南部、東南亞各國、大洋洲等
小知識	葉子蟲和竹節蟲在未孵化前已具備偽裝能力，牠們的卵呈橢圓狀，並且包裹着一層厚厚的殼，樣子與種子極為相似。不同種類的竹節蟲所產的卵不盡相同，有的很光滑，有的則有紋理和圖案。

蟋蟀
Cricket

蟋蟀喜歡生活在草叢或石縫等陰暗潮濕的環境，一般在晚上才出動。初秋時分，蟋蟀的鳴叫聲開始此起彼落地響起來。蟋蟀的身體呈深褐色，頭部兩根長長的觸角，有助在黑夜裏辨識方向，還擁有感知溫度和濕度的能力，更能代替鼻子發揮嗅覺功能。牠的後腿粗壯有勁，而且具有聽辨能力。

蟋蟀脾性暴躁，兩隻蟋蟀一旦相遇便立即使出大顎，展開一番激烈咬鬥。早在古代，人們便已利用蟋蟀愛打架的特性，創出了「鬥蟋蟀」的遊戲。

分類	昆蟲－直翅目－蟋蟀科
分布區域	世界各地
小知識	蟋蟀中只有雄性會鳴叫，因為牠的翅膀具有凹凸條紋，摩擦雙翅時就能發出鳴聲。鳴聲的音調不同、頻率不同，表達的意思也不同。響亮的長鳴是在求偶，當有別的雄蟋蟀進入領地，鳴聲就會變得急促。

草蜢

Grasshopper

草蜢是日間活動的昆蟲，為了能更好地施展隱身技能，綠色的草蜢在草叢中生活，褐色的草蜢則在地上生活。牠的身體又窄又長，尖尖的頭上長着一對細長的觸鬚。牠有兩條強健的後腿，要跳躍時會用四條前腿撐起前半身，屈曲後腿再猛然蹬直把自己射向半空。牠能跳過自己身長十五倍或以上的距離。

雄草蜢的後腿長有一些貌似鋸齒的小刺，飛行時用前翅摩擦後腿產生鳴響，以吸引雌性來交配，並向別的雄性宣示主權。

分類	昆蟲－直翅目－蝗科
分布區域	世界各地
小知識	草蜢遇上生命危險時，為了保命，牠會嘔吐在自己身上。當牠遭到蜥蜴等身形龐大的天敵捕獵，在對方正準備吞下牠時，牠會嘔吐出苦臭的膽汁在自己身上，令自己臭味難當，讓對方感到牠不好吃而將牠吐出來。

螳螂
Praying Mantis

螳螂身形修長，頭部呈倒三角形，可以靈活轉動，兩側有碩大複眼。螳螂有三對腳，前腳就像兩把大鐮刀，上面有許多尖刺。

螳螂大多是綠色或褐色，常常隱身在樹葉和草叢間，一動不動地昂着頭，舉起一對前腳並攏於胸前，彷彿在祈禱，一有獵物靠近就以極速飛撲捕獵。螳螂喜歡吃活的小昆蟲，而且具有同類互食的習性，大螳螂會捕獵小螳螂，而體形較大的雌螳螂在交配後，也可能會吃掉體形較小的雄螳螂。

分類	昆蟲－網翅目－螳螂科
分布區域	熱帶或亞熱帶地區
小知識	雌螳螂產卵前會從屁股裏釋出黏液，然後用長在屁股尖端兩根湯匙狀的東西攪拌黏液，令它膨脹成為泡沫，接着產卵在泡沫裏。泡沫遇到空氣後會凝固成海綿般的「螵蛸」（卵囊），保護着卵的安全。

粵 普

枯葉螳螂
Dead Leaf Mantis

世界上有超過 2,400 種螳螂，當中很多品種都擁有近似植物的保護色。除了保護色外，枯葉螳螂更能高度模擬枯葉的形態。

渾身褐色的枯葉螳螂，不止翅膀和背板具有枯葉的色澤、脈絡和紋理，胸部兩側也延展出薄薄的枯葉，就連腹部也側生出如鋸齒狀的葉沿，而腿部則長成葉柄的模樣。當牠並攏翅膀時，就像一片完整的枯葉。枯葉螳螂的頭和頸都可以自如地轉動，而且視覺相當敏銳，很輕易便能鎖定獵物，並以迅猛動作捕捉獵物。

分類	昆蟲－網翅目－螳螂科
分布區域	馬來西亞的熱帶雨林
小知識	當感受到威脅時，眼鏡蛇枯葉螳螂會展開兩對翅膀，露出翅膀內側的豔麗色彩。此時牠的身體橫向撐開，形狀猶如翹首張口、準備作出攻擊的眼鏡蛇，以此阻嚇天敵的侵襲。

蘭花螳螂
Orchid Mantis

蘭花螳螂，因形態極似蘭花而得名。蘭花螳螂屬「雌雄異形」的昆蟲，雄性個子較小、色彩較淡，雌性較大、色彩較鮮豔。不同種類的蘭花叢中會出現不同的蘭花螳螂，牠們能夠隨着身處的花色深淺調節體色。

蘭花螳螂的四隻後腳已演化出狀如花瓣的圓孤形構造，並模擬了花瓣的紋理和顏色。牠們可完美隱身於蘭花叢中，靜待採花蜜昆蟲飛近，再突然以長滿鋸齒的一對前腳快速撲擊，將獵物變成腹中美食。

分類	昆蟲－螳螂目－花螳科
分布區域	東南亞熱帶雨林
小知識	幼年的雌蘭花螳螂會分泌構成費洛蒙的其中一種化學物質，以此欺騙某些利用費洛蒙作訊息交流的採花蜜昆蟲，吸引牠們靠近成為自己的獵物。

害蟲
Pests

地球上的昆蟲種類繁多，無論在室內或露天場所，還是市區或郊野，昆蟲都無處不在。當中有的昆蟲為了求生和繁衍，會做出一些危害人類的行為。

在歷史上，這些昆蟲的確曾為人類帶來不少災禍，除了對植物和農作物大肆破壞外，有的昆蟲會啃食衣物、布料，甚至蛀食木材以致建築物損毀；也有的昆蟲會吸食血液、污染食物、散播病菌，為人類帶來疾病。因此，人們把這些昆蟲稱呼為「害蟲」，想方設法作出預防甚至消滅牠們。

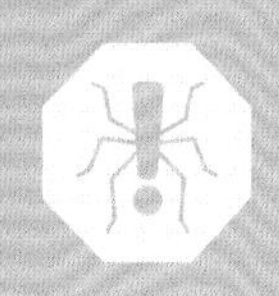

蒼蠅
Housefly

蒼蠅，也叫「家蠅」，具有一次交配可終身產卵的強勁繁殖力。蒼蠅以腐爛食物為食，如動物屍體、糞便等，渾身是菌。牠的觸角具有敏銳的嗅覺功能，能迅速飛到食物上以舐吸式的嘴巴吮食，並將身上的細菌沾到食物上。若人們吃下這些食物，可能會生病。

蒼蠅非常難捕捉，因為牠的飛行速度可高達每小時 6 至 8 公里，牠用已退化的後翅充當飛行平衡棒，兩隻巨大的複眼視野廣闊，範圍幾乎覆蓋 360 度，能快速察覺到危險，並於瞬間逃離。

分類	昆蟲－雙翅目－蠅科
分布區域	世界各地
小知識	蒼蠅有一條神奇的消化道，能夠為牠快速處理食物，只需 7 至 11 秒就能將養分吸收，並排出廢物，而病菌在蒼蠅體內還未來得及繁殖已被消除，因此蒼蠅大量吞下髒東西都不易生病呢！

蚊子
Mosquito

蚊子常在夜裏嗡嗡作響，令人不得安眠，還喜歡叮人吸血，令人皮膚紅腫痕癢。雄蚊吸食植物汁液為生，不吸血，會吸血的都是雌蚊，因為牠們需要藉血液獲取更多營養來養育小蚊子。

蚊子在叮人時會將唾液注入血液，牠的唾液中含有許多細菌，會傳播腦炎、瘧疾等疾病。蚊子沒有耳朵，但牠的觸角能夠發揮聽覺作用，雄蚊也利用觸角來辨認同種的雌蚊。雌蚊大多產卵在水面，所以要預防蚊蟲滋生，就要注意清除積水。

分類	昆蟲－雙翅目－蚊科
分布區域	世界各地
小知識	蚊子的吸管口器裏竟然藏有六根「針」，當中兩根的前端呈鋸齒狀，能鋸開皮膚；兩根用來撐開皮膚組織；最後的兩根分別用來吸血和注入唾液。

跳蚤
Flea

跳蚤是一種寄生昆蟲，通常寄居在熱血動物和人類身上。跳蚤吸食血液維生，並可能帶來鼠疫等疾病，是殺傷力強勁的害蟲。

跳蚤的翅膀雖已退化，不會飛行，但牠有一雙強健有力的後腿，十分擅長跳躍。尋找寄主時，跳蚤會不斷亂跳，1 小時內跳躍次數可達 600 下，更能連續跳上 78 小時。一旦找到適當的寄主，牠們就不輕易離開。小小個子的跳蚤全身包覆着堅韌外殼，不容易被傷害，加上跳躍力過人，即使人們快速拍打，牠早已跳得遠遠了。

分類	昆蟲－長翅目－蚤科
分布區域	世界各地
小知識	沒有眼睛的跳蚤如何尋找寄主？原來跳蚤腹部有特別的感覺器官——臀板，可幫助牠們辨別方向。此外，牠們也能辨別熱源，而寄主的體溫往往比周遭環境高，所以跳蚤就能找出寄主的位置。

普

蟑螂
Cockroach

蟑螂是在家居常見的害蟲，愛在潮濕髒污的地方亂爬，身上沾滿病菌。牠的眼睛因為退化而怕光，喜歡在黑暗中行動，晚上燈一關牠就出來覓食，麪包、水果、瓜菜、廚餘，就連人的指甲、毛髮等通通都是牠的美食。

蟑螂的腿很健壯，善於爬行，還有極其敏銳的觸角，一旦感應到有動靜就會即時疾逃。牠頭小身扁，一下子便能躲進縫隙裏。蟑螂的繁殖力強，只需交配一次就能一直產卵，而且適應力極強，因此處處都能見到牠的蹤影。

分類	昆蟲－網翅目－蜚蠊科
分布區域	熱帶、亞熱帶以及溫帶地區
小知識	蟑螂早在泥盆紀已經出現，比恐龍還要古老呢！4 億年來牠的外貌並沒大改變，但生命力卻越來越強。研究顯示，即使沒有食物和水，牠仍能存活幾個星期。

普

蝗蟲
Locust

蝗蟲主要吃農作物，是令農夫頭痛的大害蟲。蝗蟲具有長而壯實的後腿，是跳遠能手，跳躍時更懂得展開後翅來增加距離呢！牠們善於長途遷徙，每天能飛上 150 公里。

有一種集體行動的飛蝗繁殖量龐大，動輒數以億萬隻鋪天蓋日羣飛，一旦降落在農地，短短幾個小時內便將整個範圍的農作物吃光光。蝗蟲的破壞力如此巨大，是因為牠有鋒利的咀嚼式口器，輕而易舉地便能咬斷植物的莖葉，盡情大嚼。

分類	昆蟲－直翅目－蝗科
分布區域	世界各地的熱帶、溫帶的草地和沙漠地區
小知識	蝗蟲的呼吸方式很有趣。牠沒有鼻子，但胸部和腹部兩側各有一列圓形氣孔。氣孔與氣管連結，蝗蟲利用腹部一縮一放將氣體由氣孔泵入氣管，再透過氣管的分支微氣管，將氧氣輸送到身體各部分。

普

蚜蟲
Aphid

蚜蟲，又叫「蜜蟲」。牠個子很小，體長一般不超過5毫米。蚜蟲有小小的頭部、長長的觸角，牠尖銳的針狀口器是由顎、唇及鬚特化捲曲而成的。蚜蟲是胎生的，而且繁殖力特強。一隻雌蚜蟲往往能產下數以萬計的小蚜蟲，有的雌蚜蟲更不需交配就能不停地生產。

蚜蟲成羣結隊地生活在不同的植物上，毫不留情地將口器刺進植物吸食汁液，嚴重影響植物的生長。幸好地球上有許多昆蟲會捕食蚜蟲，為農民除害，讓農作物得以健康生長。

分類	昆蟲－半翅目－蚜蟲科
分布區域	北半球溫帶地區和亞熱帶地區
小知識	螞蟻為什麼要保護蚜蟲？原來蚜蟲吸食樹汁後，會經由背部蜜管排出蜜露。為了獲取蜜露，螞蟻便當起了蚜蟲的保姆，幫牠驅趕瓢蟲等天敵，有時還會把蚜蟲帶回巢穴貼身看顧呢！

白蟻
Termite

雖然白蟻與螞蟻長得很像，也和螞蟻同樣喜歡羣居，並分有蟻后、蟻王、工蟻和兵蟻等階級。可是白蟻並不是螞蟻，而且除了白色，還有淡黃色、赤褐色或黑褐色的。

白蟻喜歡追逐光源，在多雨的夏夜，常見成羣的白蟻繞着路燈飛舞，有時更衝入人們家裏亂飛。白蟻飛行後翅膀會掉落，若沒有及時驅趕和清除，牠們便有機會躲在角落建窩，並快速繁殖。白蟻愛吃木頭，絕不放過家具、柱子、屋樑等木造的東西，將對建築物造成極大的破壞。

分類	昆蟲－蜚蠊目－白蟻科
分布區域	世界各地
小知識	白蟻的腸道中存活着一種叫鞭毛蟲的微生物，能夠分解木材纖維，幫助白蟻消化食物。另外，有些種類的白蟻更會利用木材製造食物，牠們先將木材嚼碎，就可以在上面培植真菌，作為食物儲備。

紅火蟻
Fire Ant

紅火蟻原產於南美一帶，大小與常見的螞蟻相近，身長約3至6毫米，身體呈紅褐色，腹部顏色較深。紅火蟻族羣龐大，由有翅膀的雄蟻和雌蟻，一隻或多隻蟻后，以及沒翅膀的工蟻組成，完成飛行交配的蟻后便會建立新族羣。

紅火蟻又叫「入侵紅火蟻」，攻擊力非常強勁，牠腹末的刺針可以連續螫刺敵人，若被刺中會引起皮膚灼痛和痕癢。紅火蟻特別喜歡吃種子，嚴重侵害農作物，也是農民的天敵。

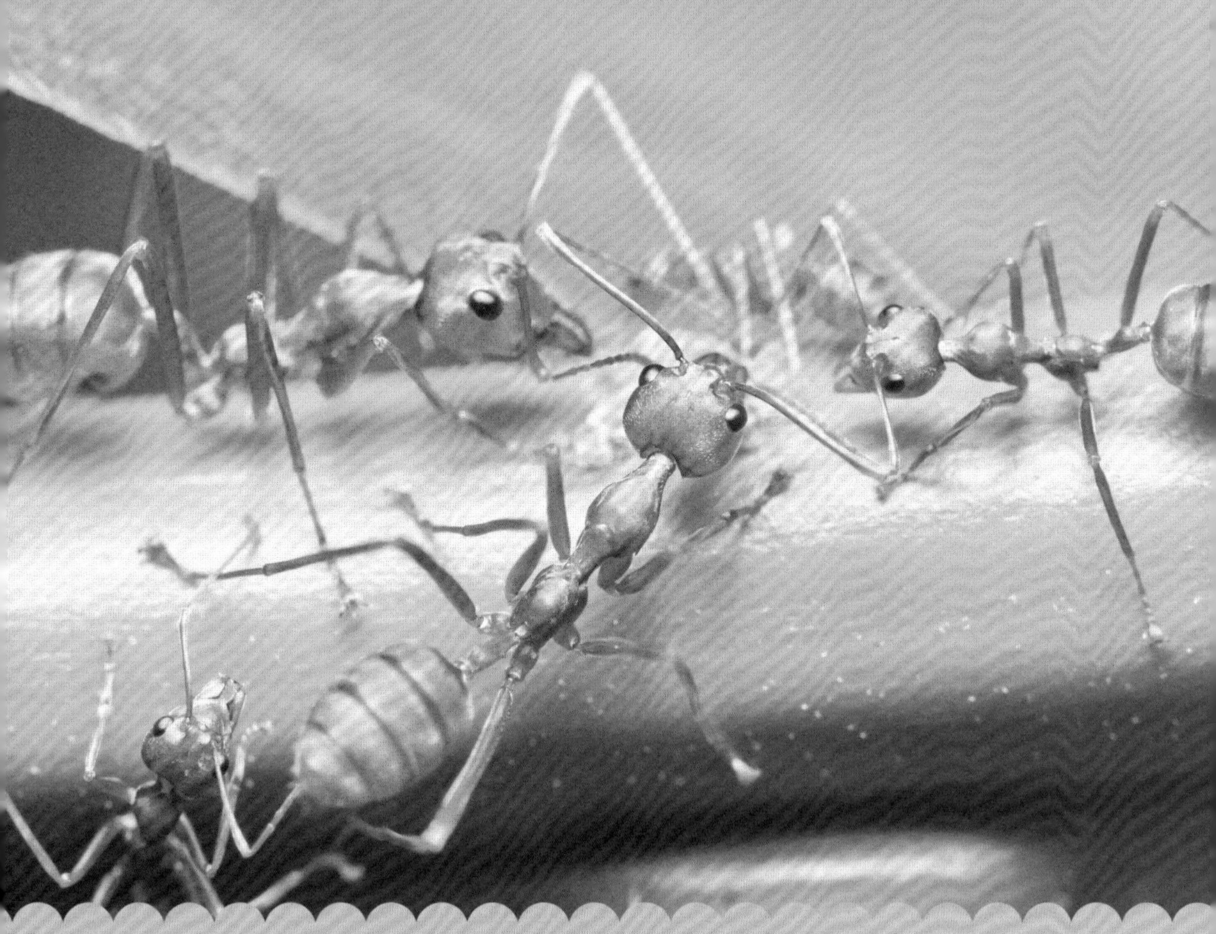

分類	昆蟲－膜翅目－蟻科
分布區域	南美洲、美洲、澳洲和中國等地
小知識	紅火蟻的蟻丘高度可達 450 毫米，並有深入地底約 2 米的坑道。在同一個蟻丘居住的紅火蟻，往往有約 5 至 25 萬隻之多。蟻丘表面看不到出入口，但一旦遭到破壞，紅火蟻便蜂羣湧現攻擊敵人。

粵 普

荔枝椿象
Lychee Stink Bug

荔枝椿象，又名「荔椿」，擁有盾牌般的身型，黃褐色的體色。牠的腹面有白色蠟粉，交配後蠟粉會大量減少。荔椿以細管狀口器刺吸荔枝、龍眼等植物的汁液，造成果樹生長不佳或枯死，是農夫討厭的大害蟲。

荔椿不會咬人，也沒有保護色，當牠遭受驚擾，體內的臭腺便會釋放腐蝕性臭液，然後從屁股噴出，以臭退敵，因此荔椿在香港也被稱為「臭屁蟲」。牠的臭液能促使植物花葉和果實枯焦，也能使人的眼睛和皮膚感到劇痛。

分類	昆蟲－半翅目－荔椿科
分布區域	南亞及東南亞一帶，以及中國南部
小知識	荔椿多在葉子背面、樹梢和樹幹上產卵。荔椿的卵呈圓球狀，並相連成堆，每次都是 14 粒。剛產下的卵呈淡綠色，隨着孵化時間接近慢慢轉為黃褐色和灰褐色，最後轉至孵化前的紫紅色。

馬蠅
Horse Fly

馬蠅，也叫「腸胃蠅」，主要吸食馬、牛、騾等哺乳動物的血液維生。馬蠅有兩顆大複眼，對物體移動的反應相當敏銳，而且牠飛得很快，時速可高達145公里，輕而易舉便能避過天敵。

馬蠅將卵產在動物身上，藉着牠們舔毛時進入牠們體內，讓幼蟲寄生在胃裏，直至成熟後才隨糞便排出體外。馬蠅也會飛到人身上吸血和產卵，有些馬蠅更狡猾地將卵產在蚊子的腹部，讓牠在吸血時把馬蠅卵附帶到人的皮膚上面，並展開牠的寄生生活。

分類	昆蟲－雙翅目－胃蠅科
分布區域	世界各地
小知識	馬蠅寄生在人體時不容易被發現，因為牠會釋放麻醉物質和抗生素。麻醉物質令寄主在皮膚被破壞時不痛不癢；抗生素則有效地防止傷口受感染。直至馬蠅幼蟲脫離寄主，人的皮膚才會出現發炎或感染。

蠓
Biting Midge

全世界共約有 6,000 種蠓，當中有些品種的雌蠓為獲取產卵所需的營養而吸血為食，雄蠓則一律吸食植物液汁。蠓的體形細小，僅長 1 至 4 毫米，一般呈褐色或黑色。牠的頭部如一個圓球，上有一對發達的複眼。由於牠的刺吸式口器較為短小，不能刺穿衣物，所以大多以外露的身體部位為吸血目標。

蠓在炎夏最為活躍，喜歡聚居在陰暗和草木茂密或花槽等地方。牠們羣飛而至，刺吸動物，引致皮膚出現紅腫，奇癢無比。

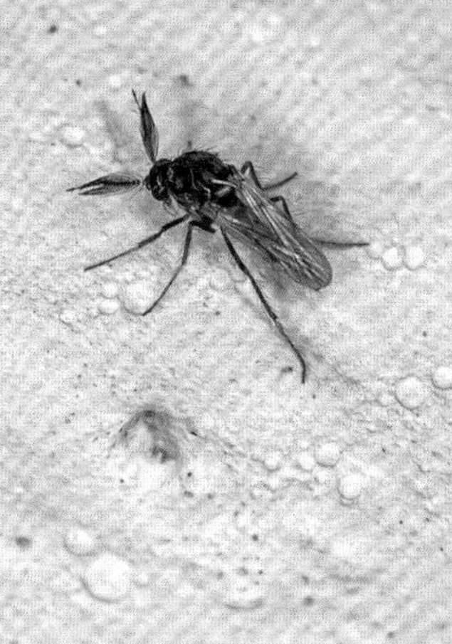

分類	昆蟲－雙翅目－蠓科
分布區域	世界各地
小知識	蠓的飛行能力不高，若風的時速超過 5.6 公里，或氣溫低於攝氏 10 度，都會影響蠓的飛行狀況，因此牠主要都只在棲息地方圓約 100 米內活動。不過，有時蠓也會借着風力被傳播到更遠處去。

牀蝨
Bedbug

牀蝨喜歡羣居，常常大批聚集在牀架、被褥、牀墊等的縫隙內，也常躲在行李或交通工具，迅速傳播各地。

牀蝨的身體又扁又平，僅約 5 毫米長，是一種細小難捉的寄生昆蟲。牠的翅膀雖已退化，但能夠快速移動，並以刺吸式口器吸血維生。牀蝨也會吸食其他動物的血液。在吸血的同時，牠會趁機將有麻醉性的唾液注入寄主體內，過幾小時後皮膚上的咬痕才開始紅腫、疼痛發癢，甚至出現紅疹。

分類	昆蟲－半翅目－臭蟲科
分布區域	世界各地
小知識	牀蝨體內具有臭腺構造，會分泌惡臭液體，並透過後腳上的兩個小孔排出體外，以抵抗天敵和促進交配。凡是牀蝨經過之處，都會留下異常難聞的臭味，因此牀蝨也稱為「臭蟲」。

不是昆蟲
Non-insects

粵 普

在地球上，有各種各樣的動物，而節肢動物門就是動物界中最大的家族，品種最繁多，約佔全部動物品種 85%。節肢動物具有分節的身體結構，腿部、口部、觸角等都有關節連結，但是沒有背脊骨。節肢動物包含有很多不同類型的動物，其中分類包括：昆蟲綱、蛛形綱、多足綱等等。

在日常生活中，我們總會看到很多各式各樣的「小蟲子」，其實牠們當中有些並不是昆蟲來的，只因有着和昆蟲相似的體形和外貌，而常被錯誤認為是昆蟲；比如，蜘蛛是蛛形綱動物，而蚯蚓、水蛭則是多足綱環節動物。

蜘蛛
Spider

蜘蛛雖是節肢動物，但牠有四對腳，而且身體只分成頭胸兩部分，所以不是昆蟲。蜘蛛是編織高手，能快捷地編織出不同花樣的網。牠的肚子裏雖然沒有內置絲線，但卻有一種特殊的黏液，經由屁股排出體外後遇空氣便凝固成細絲。網對蜘蛛來説很重要，牠們獵食、繁衍、儲糧都在網上完成。

大多蜘蛛以昆蟲為食，是昆蟲的剋星。蜘蛛網具有黏性，昆蟲一旦被困便很難掙脫。幸好蜘蛛身上有一層潤滑油脂，才不會被自己的網黏住。

分類	不是昆蟲－蛛形綱－蜘蛛目
分布區域	世界各地，以北美洲為主
小知識	蜘蛛是如何吃掉昆蟲的呢？原來，蜘蛛長有中空的牙，在咬住獵物時把毒液注入對方身體，將它溶成糊狀後才吃掉。幾乎所有蜘蛛都會分泌毒液，我們不要隨便觸摸啊！

粵 普

蜱蟲
Tick

蜱蟲是一種貌似小型蜘蛛的寄生蟲。牠吸食人類或動物的血液維生。剛孵化的小蜱蟲只有六條腿，長大後才有八條腿。

蜱蟲可分為硬蜱蟲和軟蜱蟲兩大類，而鹿蜱則是一種硬蜱蟲，主要以鹿、牛等大型動物為寄主而得名。鹿蜱的身體是扁平的橢圓狀，呈黑色、深褐色或深紅色，吸血時牢固黏附寄主身上，進食緩慢，需時數天才完成用餐，吸飽血後身體會變大。有些蜱蟲帶有病菌，若不慎被咬會受感染出現紅斑，甚至致命。

分類	不是昆蟲－蛛形綱－寄蟎目－蜱科
分布區域	世界各地的陸地和淡水
小知識	萊姆病是由鹿蜱傳播的一種疾病，因為首次感染發生在美國康涅狄格州萊姆市而得名。這種疾病是因蜱蟲吸食了受感染的老鼠後，再去叮咬人類所致，患者會出現發熱、肌肉痠痛和關節腫脹等症狀。

蜈蚣
Centipede

蜈蚣身體扁平細長，具有 15 段或以上的分節，每個分節上都長有一對步足。步足的數目由 15 對至 191 對不等，因此又叫「百足」。

由於蜈蚣的皮膚缺乏蠟質，水分流失很快，因此須留在潮濕的地方以補充水分。蜈蚣大多屬肉食性，在晚間活動、捕食，主要吃昆蟲、蜘蛛和蠕蟲等維生。牠們的體內有毒腺，透過由第一對步足演化而來的兩隻鉗狀螯，向獵物注射毒液令對方麻痺癱軟。若人們不慎被蜈蚣咬到，會非常疼痛。

分類	不是昆蟲－多足綱－唇足目－蜈蚣科
分布區域	世界各地，除了極地以外
小知識	蜈蚣總共擁有 15 對或以上的腳，而每對腳總是比前面的一對長一點點，這可避免在快速移動時互相碰撞。有些蜈蚣的最後一對腳的長度，甚至是第一對腳的兩倍呢！

馬陸
Millipede

馬陸與蜈蚣很相似，兩者常被混淆。如果仔細觀察，會發現馬陸身體較圓，除了前面幾節，其餘每個體節上都有兩對腳。馬陸有 36 到 400 隻腳，少數品種更多達近 700 隻腳，因此也叫「千足蟲」。

為免阻礙行進，馬陸爬行時左右腳動作必須一致，前後腳要依次前進，令身體如波浪般慢慢湧前。馬陸生活在潮濕陰暗的地方，主要吃枯枝腐葉，受驚時會蜷縮成團，接着順勢滾開，或者靜止不動「假死」瞞騙敵人，待危險過後才伸展活動。

分類	不是昆蟲－多足綱－倍足目－馬陸科
分布區域	世界各地
小知識	馬陸體節上有臭腺，能分泌一種惡臭毒液，令敵人不敢靠近。這種毒液中含有具驅蚊作用的化學物質苯醌，聰明的熱帶懸猴便拿牠在身上摩擦，讓牠在身上分泌毒液，用來預防蚊蟲等吸血動物的襲擊。

蚯蚓
Earthworm

蚯蚓長條形的身體由許多環節組成，較尖的一端是頭部，上面有一個小嘴巴。牠沒有眼、耳、鼻和呼吸器官，而是透過皮膚呼吸，以及執行聽覺、視覺和味覺功能。

蚯蚓喜歡潮濕環境，大多夜間活動。天氣太熱時蚯蚓會斷食，太冷時會變得遲緩，或蜷縮成球狀冬眠，春天到了才活躍進食。蚯蚓爬行時利用腹側剛毛的抓力，配合肌肉收縮伸展讓身體往前進。蚯蚓主要吞食泥土和腐葉，吸收養分後排出的糞土可令土地更肥沃，真是農夫的好幫手。

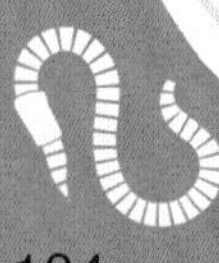

分類	不是昆蟲－環帶綱－單向蚓目
分布區域	世界各地，除極地和沙漠以外
小知識	蚯蚓身上有一段比較粗，那是用來儲存卵的生殖帶。牠雖是雌雄同體，但仍須和其他蚯蚓交配才能產卵。牠們互相以頭部貼着對方的尾部進行交配，過後生殖帶會慢慢移至尾巴末端掉下，形成保護卵的繭。

蠍子
Scorpion

蠍子害怕強光，大多在晚間活動。牠全身披着鎧甲般堅韌的外殼，身體前端長着一對蟹鉗似的大螯，用來夾捕獵物，而口部前方一對小螯可以開合，則用來撕裂獵物。

牠的胸部分為四節，每節都長着一對腳；細長的腹部末端向上高高翹起，上面長有毒針，用來保護自己和攻擊敵人。當敵人反抗時，牠將腹尾彎到頭上用毒針螫對方。在求偶時，雌雄蠍會用大螯夾着彼此跳舞，但一旦受完精，雌蠍可能會吃掉雄蠍，來獲取更多營養生產小蠍子。

分類	不是昆蟲－蛛形綱－蠍目
分布區域	熱帶和溫帶地區
小知識	即使不喝水，蠍子也能活上好幾個月。天氣酷熱時，牠們會把腿繃緊站直、抬高腹部，令身體盡量離開地面，讓空氣流通，為身體降溫。蠍子耐渴，又有乘涼心得，難怪牠們能夠在沙漠中得以適應生存。

水蛭
Leech

水蛭，又稱螞蟥、吸血蟲，是一種環節動物蠕蟲，生活在山澗淡水源或陸上，約有 300 個品種。水蛭的身體有 34 節，表面光滑扁平，約 2 至 10 厘米。水蛭身上的前端及後端均長有吸盤，藉此吸附在動物身上吸取牠們的血液為食。雖然牠們像蚊子般會吸血，但是不會傳播疾病。

水蛭唾液中的物質可以麻醉動物的傷口區域，擴張血管，防止血液凝固。早在千年前，人們在醫學上已會利用水蛭來為病人吸血或放血治病。

分類	不是昆蟲－環帶綱－蛭亞目
分布區域	世界各地
小知識	其實水蛭吸附在獵物身上飽喝足後，就會放開吸盤自獵物身上脫落。假如我們在郊外被水蛭吸血時，應避免用力拉扯牠，可以往水蛭叮咬的地方撒鹽或者用醋來移除牠。

蝸牛
Snail

蝸牛由海螺演變而來，普遍以植物維生。常見的蝸牛大多有兩對觸角，長的觸角頂端有眼睛。頭部下面是嘴巴，裏面有一條長着許多小牙齒的齒舌，有助啃咬食物。牠不用嘴巴呼吸，而是透過殼口旁的小孔呼吸。

蝸牛喜歡潮濕氣候，最愛雨後散步。牠行動緩慢，依靠腹足的波浪式起伏前進，並同時分泌黏液，保護腹足不為粗糙表面和尖銳物體所傷。天氣太熱、太冷或乾燥時，蝸牛會縮入殼內、分泌出薄膜封住殼口進行休眠，以度過困境。

分類	不是昆蟲－腹足綱－陸生螺類
分布區域	世界各地，除了極地以外
小知識	蝸牛雖然是雌雄同體，但仍須互相交配才會產卵。小蝸牛一出生就有殼，當牠漸漸長大，殼也會隨着變大。蝸牛是修補高手，觸角斷了，不久便會重生；而殼被弄破了，更會分泌出石灰質黏液把它補好。

新雅小百科系列
昆蟲

編　　寫：新雅編輯室
責任編輯：胡頌茵
美術設計：郭中文
出　　版：新雅文化事業有限公司
香港英皇道 499 號北角工業大廈 18 樓
電話：(852) 2138 7998
傳真：(852) 2597 4003
網址：http://www.sunya.com.hk
電郵：marketing@sunya.com.hk
發　　行：香港聯合書刊物流有限公司
香港荃灣德士古道 220-248 號荃灣工業中心 16 樓
電話：(852) 2150 2100
傳真：(852) 2407 3062
電郵：info@suplogistics.com.hk
印　　刷：中華商務彩色印刷有限公司
香港新界大埔汀麗路 36 號
版　　次：二〇二四年六月初版

ISBN: 978-962-08-8364-4

18/F, North Point Industrial Building, 499 King's Road, Hong Kong
Published in Hong Kong SAR, China
Printed in China

鳴謝：
本書照片由 Dreamstime 授權許可使用。